Bibliografische Information der Deutschen Nationalbibliothek:

Die Deutsche Bibliothek verzeichnet diese Publikation in der Deutschen National-
bibliografie; detaillierte bibliografische Daten sind im Internet über http://dnb.d-
nb.de/ abrufbar.

Impressum:

Copyright © 2015 GRIN Verlag, Open Publishing GmbH
Druck und Bindung: Books on Demand GmbH, Norderstedt Germany
ISBN: 9783668482548

Dieses Buch bei GRIN:

http://www.grin.com/de/e-book/369903/formula-diaeten-effektivitaet-und-folgen-
von-aktivkost-yokebe-classic

Maxime Kops

Aus der Reihe: e-fellows.net stipendiaten-wissen

e-fellows.net (Hrsg.)

Band 2405

Formula-Diäten. Effektivität und Folgen von „Aktivkost Yokebe Classic"

GRIN Verlag

Facharbeit

im

Grundkurs Biologie

Formula-Diäten

Effektivität und Folgen am Beispiel des Produktes

„Aktivkost Yokebe Classic"

Maxime Kops

Inhaltsverzeichnis

1. Einleitung

Als Thema meiner Facharbeit habe ich die Gewichtsreduktionsmethode der Formula-Diäten und ihre Effektivität, sowie ihre Folgen gewählt.

Dieses Thema besitzt in meinen Augen eine wissenschaftliche Relevanz, da im Alltag unserer heutigen Gesellschaft die Gewichtsreduktion und Gewichtskontrolle eine sehr ausgeprägte Rolle spielen.

Zum einen gibt es in unserer Überflussgesellschaft so viele übergewichtige und adipöse Menschen, wie noch nie zuvor in Deutschland. Die Technisierung unseres Alltags führt dazu, dass wir uns immer weniger bewegen, sowie ungesunde und unkomplizierte Nahrung zu uns nehmen. Zum anderen spielen allerdings auch die Medien eine wichtige Rolle. Durch das verbreitete Schönheitsideal sehen sich immer mehr Menschen, besonders aber Frauen und Mädchen, gezwungen, sich dieser Norm anzupassen. Die Medien unterstützen diesen Schlankheitswahn, indem sie mit effektiven, zeitsparenden und leckeren Methoden, die dazuführen sollen, sein persönliches Wunschgewicht zu erreichen, werben. Auch Formula-Diäten rückten in der Vergangenheit in den Fokus der Öffentlichkeit, weshalb diese Methode ein interessantes Thema für meine Facharbeit darstellt.

Das Ziel meiner Facharbeit ist es ein differenziertes Urteil darüber zu fällen, in welchem Maße Formula-Diäten für eine langfristige Gewichtsreduktion empfehlenswert sind und wie effektiv sie sind. Dabei gilt es die Folgen dieser Methode näher zu erläutern und abzuwägen, für wen diese Methode geeignet ist.

Um diese Fragestellungen bearbeiten zu können werden zunächst allgemeine Informationen und eine Definition über die Methode der Formula-Diäten bearbeitet und aufgestellt. Des Weiteren wird ein ausgewähltes Produkt näher betrachtet. Die Effektivität und die zuvor aufgeführten Erfolgsversprechen des Herstellers werden dann anhand eines durchgeführten Versuchs überprüft und bewertet. Danach werden Folgen dieser Methode untersucht. Dabei befasst die Arbeit sich hauptsächlich mit Langzeitfolgen, gesundheitlichen Folgen, sowie der Gefahr der Essstörungen.

Abschließend wird die Facharbeit mit einer zusammenfassenden Beurteilung, ob und für wen diese Methode effektiv und sinnvoll ist und inwieweit man diese Methode empfehlen kann, beendet.

2 Formula-Diäten

2.1 Definition

Bei der Methode der Formula-Diät handelt es sich um eine Form der Reduktionsdiäten, bei der ganze oder Teile einer Mahlzeit durch Produkte, wie zum Beispiel Shakes, Suppen oder Ähnlichem, mit einem niedrigen Brennwert und einem hohen Proteingehalt ersetzt werden.

2.2 Informationen über die Methode

Für den Energiegehalt dieser Methode empfiehlt eine klinischen Leitlinie zur Prävention und Therapie von Adipositas[1] pro Tag eine Energiezufuhr von 800 bis 1200 kcal, welche zur Vermeidung von Mangelerscheinungen und Nebenwirkungen eingehalten werden solle. Formula-Diäten seien für Personen mit einem BMI[2] von gleich und über 30 kg/m² geeignet. Die Konsumenten sollten sich ebenfalls nicht mehr im Wachstum befinden. Experten fanden heraus, dass mit einer Gewichtsreduktion von 0,5 bis 2,0 kg pro Woche und insgesamt durchschnittlich von 6,5 kg zu rechnen ist[3].

Außerdem soll die Anwendung dieser Methode einen Zeitraum von zwölf Wochen nicht überschreiten. Während der Anwendung soll ebenfalls ein Arzt die Gewichtsreduktion begleiten, da ein sehr hohes Nebenwirkungsrisiko vorhanden sei. Aber auch eine Betreuung in Bezug auf Sport, Ernährung und Psychologie sei empfehlenswert.

Ebenso schreibt §14a der deutschen Diätverordnung vor, dass dieses Produkt maximal 400 kcal pro Mahlzeit enthalten dürfen. Die Deutsche Gesellschaft für Ernährung[4] empfiehlt Anteile an Kohlenhydrat, Fett und Proteinen. Diese Empfehlungen müssten ebenfalls eingehalten, sowie Kalzium, Vitamine und Eisen enthalten sein müssen.

Da man die Effektivität nicht anhand allgemeiner Aussagen nachweisen beziehungsweise widerlegen kann, gilt es nun ein Produkt näher zu betrachten und auszuwerten.

---

[1] Wirth, Alfred v.a. Prävention und Therapie der Adipositas
[2] Body Mass Index
[3] Wirth, Alfred v.a. Prävention und Therapie von Adipositas S.708
[4] DGE

3. Praktischer Teil

3.1 Selbstversuch

3.1.1 Das Produkt

Um die Effektivität von Formula-Diäten zu untersuchen, wird das Produkt „Aktivkost Yokebe Classic" der Naturwohl Pharma GmbH näher untersucht.

Die Inhaltsstoffe des Produktes spielen bei der Effektivität eine entscheidende Rolle und laut Hersteller handle es sich bei der „Aktivkost Yokebe Classic" um ein Produkt bestehend aus „Proteinen, Bienenhonig, wichtigen Vitaminen, Mineralstoffen und Spurenelementen"[5]. Durch diese Zusammensetzung wird während der Diät die Versorgung mit Vitaminen und Mineralstoffen gewährleistet. Der Energiestoffwechsel wird durch hochdosierte Vitamine B5 und B12 konstant gehalten. Das Vitamin B6 sorgt für einen ausgeglichenen Protein- und Glykogenhaushalt , sowie es ein Sättigungsgefühl hervorruft.

Die Gewichtsreduktion erfolge durch das Ersetzen der Mahlzeiten durch die Aktivkost und durch Einführung in eine gesunde und ausgewogene Ernährung. Der Konsument lerne durch langsame Wiederaufnahme der normalen Mahlzeiten, gesund zu kochen und sein Essverhalten einzuteilen und zu kontrollieren.

Im Falle eine Lactoseunverträglichkeit oder einer Lactosemalabsorption wird das Produkt „Yokebe Lactosefrei" des selben Herstellers empfohlen.

Die Aktivkost ersetzt eine Mahlzeit und wird durch die Zugabe von 50g Aktivkostpulver, was ungefähr fünf gehäuften Esslöffeln oder fünf gehäuften Messlöffeln entspricht, 200ml fettarmer Milch (1,5% Fettgehalt) und ungefähr 1,5g Pflanzenöl, welches einen hohen Gehalt an gesättigten Fettsäuren besitzt, wie zum Beispiel Traubenkernöl, zubereitet.

Der Hersteller rät bei längerer Anwendung und Lebensmittelallergien zu einer ärztlichen Beratung[6].

Das Aktivkostpulver, welches laut Hersteller in Deutschland produziert wird, besteht zu 30% aus Sojaproteinsolat, zu 21,6% aus Molkenproteinkonzentrat, zu 15,3% aus Honig und aus weiteren Inhaltsstoffen und Vitaminen[7]. Pro Portion, was cirka 250ml entspricht, hat das zubereitete Produkt mit Milch und Pflanzenöl einen Brennwert von 1211 kJ (287kcal), 5,6g Fett, davon gesättigte Fettsäuren 2,5g, 27,1g Kohlenhydrate,

---

[5] Naturwohl Pharma GmbH: Produktinformationen für Fachkreise
[6] Naturwohl Pharma GmbH: Yokebe. Die Aktivkost. Natürlich lecker abnehmen!
[7] siehe Anhang, S.21 Zusammensetzung

davon 20,9g Zucker, 0,1g Ballaststoffe, 31,9g Eiweiß und 1,0g Salz, sowie 2,3 Broteinheiten (BE)[8]. Die „Aktivkost Yokebe Classic" ist glutenfrei. Weitere Angaben sind im Anhang zu finden.

Während der Diät sollte eine ausreichende Flüssigkeitszufuhr gewährleistet sein. Der Hersteller empfiehlt zur Unterstützung der Gewichtsreduktion die Produkte „Yokebe[Plus] Stoffwechsel aktiv", was den Stoffwechsel anrege und somit die Gewichtsreduktion verstärke, und „Yokebe[Plus] Säure-Basen-Balance", was für einen ausgeglichen Säuren-Basen-Haushalt sorge.

3.1.2 Erfolgsversprechen des Herstellers

Das Produkt „Yokebe Die Aktivkost" wird in vielen Zeitschriften und auf viele Internetseiten als eine einzigartige und effektive Diät angepriesen. Der Hersteller stellt dabei das Erfolgsrezept seines Produktes vor, was es nun näher zu betrachten gilt.

Einer der wichtigsten Faktoren für eine schnelle Gewichtsreduktion sei die Einfachheit der Anwendung. Es müsse keine Umstellung der Lebensgewohnheiten stattfinden, wie zum Beispiel viel Sport treiben, und die Mahlzeiten in Form der Shakes seien schnell zubereitet, da man keine Kalorien zählen müsse[9].

Außerdem sättigten die Shakes und ersetzten somit eine vollständige Mahlzeit, welche den Körper mit allen benötigten Nährstoffen versorge. Mit einem niedrigen glykämischen Index[10] und einem hohen Proteingehalt seien laut einer Studie die Vorraussetzungen für eine erfolgreiche Gewichtsreduktion gegeben, da durch einen hohen glykämischen Index der Insulinspiegel und somit die Heißhungerattacken ansteige[11]. Außerdem wirke die Methode dem JoJo-Effekt entgegen und es werde sogar durch den hohen Proteingehalt der Muskelerhalt unterstützt und im Schlaf Fett verbrannt. Dadurch seien schon nach sieben Tagen erste Erfolge festzustellen. Der Diätplan sehe außerdem leckere Mahlzeiten vor und der Shake sei sehr lecker und nahrhaft[12].

Die Naturwohl Pharma GmbH wirbt außerdem mit dem „Yokebe 3-fach Effekt"[13]. Als einen Effekt bezeichnet der Hersteller den sogenannten „hypokalorischen Effekt",

---

[8] siehe Anhang Zusammensetzung
[9] Schwarz, Diät-Experten lüften Schlangeheimnis, S.12
[10] gibt die Wirkung eines kohlenhydrathaltigen Lebensmittels auf den Blutzuckerspiegel an
[11] Larsen Meinert, Thomas v.a.: Diets with High or Low Protein Content and Glycemic Index for Weight-Loss Maintenance
[12] Schwarz, Diät-Experten lüften Schlangeheimnis, S.13
[13] siehe Anhang S. 26

welcher darin besteht, dass der Shake „aufgrund seiner einzigartigen Nährstoffdichte so nahrhaft ist wie eine vollständige Mahlzeit, aber nur so viele Kalorien enthält wie z.B. eine Avocado"[14] und es dadurch zu einem verstärkten Abnehmerfolg komme. Ein weiterer Effekt ist der stoffwechselaktivierende Effekt, denn „für den „stoffwechselaktivierenden Effekt" von Yokebe sind die enthaltenen B-Vitamine (B5, B6, B12) verantwortlich, die den Energie-, Protein- und Glykogenstoffwechsel gleichermaßen fördern und zudem die Fettverbrennung unterstützen".[15]

Der letzte Effekt wird vom Hersteller als „Anti-Fett-Effekt" bezeichnet. Die Proteine, welche in einer hohen Konzentration vorhanden seien, „sichern [...] in Yokebe den Erhalt der Muskulatur, in der nachweislich am meisten Fett verbrannt wird... und das sogar im Schlaf!"[16]

Ob diese Erfolgsversprechen des Herstellers auch der Realität entsprechen, lässt sich am besten anhand eines Versuchs überprüfen.

3.1.3 Erklärung des Aufbaus und Ablaufs

Um die Frage nach der Effektivität von Formula-Diäten zu überprüfen, führten zwei Testpersonen über einen Zeitraum von zwei Wochen einen Selbstversuch durch. Die Testpersonen nahmen Diätshakes der Marke „Yokebe" zu sich. Es wurden zwei Methoden von Testperson A und Testperson B getestet. Testperson A berücksichtigte den „Yokebe 2-Wochen-Turbo-Diät-Plan"[17].

Dieser Plan besteht aus zwei Phasen. Die erste Phase, welche für die erste Woche angesetzt ist, wird vom Hersteller als „Konzentrationsphase" bezeichnet[18]. In dieser Phase wird empfohlen alle drei Mahlzeiten durch jeweils einen Diätshake zu ersetzen. Mittags, morgens und abends sollten dann Diätshakes konsumiert werden und durch zusätzliche Bewegung solle der Effekt noch verstärkt werden. Außerdem wird empfohlen während der ersten Phase zusätzlich 1,5mg Linolsäure, zum Beispiel aus Traubenkern- oder Distelöl, und 9,7g Ballaststoffe, zum Beispiel aus Getreide, Obst oder Hülsenfrüchten, hinzuzuführen, um eine ausgewogene Versorgung mit Nährstoffen zu gewährleisten.

---

[14] Naturwohl Pharma GmbH: Produktinformationen für Fachkreise
[15] Internetquelle 6
[16] Internetquelle 6
[17] siehe Anhang, S.26, Yokebe 2-Wochen-Turbo-Diät-Plan
[18] Naturwohl Pharma GmbH, Die Yokebe-Erfolgspläne

Die zweite Phase wird als „Zielphase" bezeichnet. In dieser Phase sollten zwei Mahlzeiten durch Shakes ersetzt werden. Es sei frei zu wählen, ob man die ausgewogene Mahlzeit abends oder mittags zu sich nehmen möchte. Für diese Mahlzeit bietet der Hersteller Rezeptideen auf seiner Internetseite[19]. Es kann ebenfalls in beiden Phasen Gemüsebrühe als Zwischenmahlzeit zu sich genommen werden. Nach diesen zwei Wochen müsse die Ernährung allerdings langfristig umgestellt werden und weiterhin „gesund, ausgewogen, abwechslungs- und proteinreich" sein[20], um eine langfristige Gewichtsabnahme zu erreichen.

Testperson B nahm täglich eine nahrhafte Mahlzeit zu sich und zwei Diätshakes. Bei der Auswahl der Mahlzeiten achtete sich stets auf gesunde und ausgewogene Lebensmittel.

Die Testpersonen trugen täglich Gewicht, andere Mahlzeiten, Getränke, Bewegung/Sport, Wohlbefinden und Hungergefühl in eine Tabelle ein, um den Abnehmprozess zu dokumentieren.

3.1.4 Beobachtung und Auswertung des Versuchs

Beide Testpersonen konnten Gewichtsreduktionen und eine Veränderung des Wohlbefindens feststellen, die es nun näher zu betrachten gilt.

Testperson A[21], welche den „Yokebe 2-Wochen-Turbo-Diät-Plan" berücksichtigte, begann den Selbstversuch mit einem Startgewicht von 67,8 kg bei einer Körpergröße von 1,76 m, was einem BMI von 21,6 kg/m² entspricht und somit Normalgewicht[22]. Testperson A trieb mindestens sechs Tage pro Woche Sport und nahm durchschnittlich 2,7l Flüssigkeit zu sich.

In der ersten Woche, in welcher die Testperson nur Diätshakes und Gemühsebrühe zu sich nahm, wurde ein Gewichtsverlust von insgesamt 2,6 kg verzeichnet und eine tägliche Durchschnittsreduktion von 0,3 kg. Allerdings war auch eine Schwankung des Wohlbefindens und des Hungergefühls festzustellen. Vom ersten bis zum dritten Versuchstag war das Wohlbefinden gut und das Hungergefühl angemessen. An Tag 4 wurde allerdings eine Veränderung deutlich und das Wohlbefinden wurde schlechter. Ebenso das Hungergefühl wurde größer und die Testperson hatte das Verlangen feste

---

[19] Internetquelle 6
[20] Naturwohl Pharma GmbH, Yokebe. Die Aktivkost. Natürlich lecker abnehmen!
[21] siehe Anhang, S. 22, Tabelle Testperson A
[22] Klotter, Einführung Ernährungspsychologie S.102

Mahlzeiten zu sich zu nehmen. Vom fünften bis zum siebten Tag wurde das Wohlbefinden besser und das Hungergefühl wurde angemessener.

In der zweiten Versuchswoche nahm die Testperson eine feste Mahlzeit und zwei Diätshakes pro Tag zu sich. In dieser Woche konnten Gewichtsschwankungen verzeichnet werden, allerdings wurde am Ende der zweiten Woche kein Gewichtsverlust im Vergleich zu Tag 7 festgestellt . Es wurden ebenfalls noch weitere Veränderungen beobachtet. Am achten Tag des Versuchs durfte die Testperson erstmals nach einer Woche wieder feste Nahrung zu sich nehmen. Das führte dazu, dass die Mahlzeit hinuntergeschlungen wurde, was zum Erbrechen der Mahlzeit führte. Es wurde außerdem eine Gewichtszunahme von 500g verzeichnet und das Wohlbefinden der Testperson war nicht gut, obwohl sie kein Hungergefühl besaß. Von Tag 9 bis Tag 10 wurde ein geringe Verbesserung des Wohlbefindens festgestellt. In diesen Tagen kam es zu einer Gewichtsreduktion von ungefähr 500g pro Tag und es war ebenfalls kein Hungergefühl vorhanden. Eine erneute Gewichtszunahme ist vom elften bis zum zwölften Tag erkennbar. Das Wohlbefinden war allerdings verbessert und Testperson A verspürte ein angemessenes Hungergefühl. An Tag 13 wurde wieder eine Gewichtsabnahme von 200g und ein gutes Wohlbefinden mit geringem Hungergefühl verzeichnet. An den beiden letzten Tagen des Versuchs gab es eine erneute Gewichtszunahme von 300g pro Tag und einem angemessenen Hungergefühl und Wohlbefinden.

Insgesamt erfolgte bei Testperson A durch den „Yokebe 2-Wochen-Turbo-Diät-Plan" eine Gewichtsreduktion von 2,6 kg. Allerdings ergab eine erneute Messung einen Monat nach dem Versuch, dass Testperson A das Gewicht nicht langfristig halten konnte und mit 67 kg fast wieder zum Startgewicht zurückgekehrt war.

Testperson B[23], welche jeweils zwei Mahlzeiten pro Tag durch Diätshakes ersetzte, begann den Versuch mit einem Startgewicht von 64 kg bei einer Körpergröße von 1,72 m, was einem BMI von ebenfalls 21,6 kg/m² und somit Normalgewicht entspricht. Testperson B trieb mindestens vier Tage pro Woche Sport und nahm neben Wasser auch Kaffee als Flüssigkeit zu sich. In zwei Wochen nahm Testperson B insgesamt 2 kg an Gewicht ab. In der ersten Versuchswoche wurde ein Gewichtsverlust von 1,5 kg und in der zweiten Woche von 500g dokumentiert. Im Gegensatz zu Testperson A ist zu

---

[23] siehe Anhang, S. 23, Tabelle Testperson B

keinem Zeitpunkt eine Gewichtszunahme erkennbar. Es wurden auch weniger Schwankungen des Wohlbefindens und des Hungergefühls dokumentiert. Vom ersten bis zum zweiten Tag wurden ein gutes Wohlbefinden und kein Hungergefühl verzeichnet. Das Wohlbefinden der Testperson B nahm stetig ab und von Tag 3 bis 15 wurde ein schlechtes Wohlbefinden und das Verlangen nach fester Nahrung festgestellt. Es ist festzuhalten, dass Testperson B durch das Ersetzen von jeweils zwei Mahlzeiten pro Tag durch Diätshakes insgesamt 2 kg an Gewicht verlor.

Bei der Auswertung des Versuchs ist es allerdings notwendig bestimmte Faktoren zu berücksichtigen. Es handelt sich bei den Testpersonen um normalgewichtige und gesunde Menschen. Dies führt dazu, dass sich die Versuchsergebnisse nur teilweise auf adipöse oder übergewichtige Personen übertragen lassen. Außerdem lassen sich die Ergebnisse beider Testpersonen nicht genau aufeinander übertragen, da zwischen beiden Personen ein Altersunterschied von circa 25 Jahren besteht und beide eine andere Methode testeten. Die Entwicklungen des Gewichts bei beiden Testpersonen lassen sich wie folgt erläutern. Bei Testperson A fällt auf, dass es zu Beginn der zweiten Versuchswoche, in welcher eine feste Mahlzeit pro Tag zu sich genommen werden darf, eine Gewichtszunahme dokumentiert wurde. Dies ist damit zu erklären, dass sich der Körper an die reduzierte Kalorienzufuhr gewöhnt hat und somit durch die Zunahme der Kalorienzufuhr in Woche 2 wieder an Gewicht zulegt. Die langsamere Gewichtsreduktion bei beiden Testpersonen in der zweiten Versuchswoche, ist ebenfalls auf die Anpassung des Körpers auf die reduzierte Kalorienzufuhr zurückzuführen, wodurch die Gewichtsabnahme weniger wird. Ebenfalls die Veränderungen des Wohlbefindens beider Testpersonen lassen folgenden Schluss ziehen. Die Verschlechterung bei beiden Testpersonen bei zunehmender Versuchsdauer, lässt sich mit dem psychologischen Druck, der während der Versuchsreihe die Testpersonen belastete, erklären. Die Testpersonen sind die gesamte Zeit lang der Versuchung ausgesetzt, andere Nahrungsmittel als vorgeschrieben zu sich zu nehmen. Dieser Zwang und auch das Essen rückt in den Fokus des Alltags, was für die Testpersonen ungewohnt war, da es sich bei der Nahrungsaufnahme um einen alltäglichen und automatisierten Ablauf handelt. Auch die Motivation lässt mit der Zeit nach. Bei Testperson A ist allerdings eine Verbesserung des Wohlbefindens am Ende der ersten Versuchswoche festzustellen. Dies lässt sich mit der Vorfreude der Versuchsperson auf die Mahlzeiten in der zweiten Woche begründen.

Der Sättigungseffekt trat aber bei beiden Testpersonen auf, was die Aussage des Herstellers bestätigt.

Es gibt außerdem andere interessante Erkenntnisse. Das Erbrechen der Mahlzeit bei Testperson A zeigt, dass das Risiko einer Bulimia nervosa erhöht ist. Dieses Risiko einer Essstörung wird auch dadurch verstärkt, dass sich die Tespersonen viel mehr mit dem Thema Nahrungsaufnahme auseinander setzen mussten. Außerdem wurde bei Testperson A ein geringer „JoJo-Effekt" festgestellt, da sie nach einem Monat fast wieder ihr Ausgangsgewicht erreicht hatte. Testperson A nahm ebenfalls 600g mehr ab als Testperson B. Dies ist damit zu begründen, dass Testperson A im Gegensatz zu Testperson B in der ersten Versuchswoche ausschließlich Diätshakes konsumierte und somit der Abnehmeffekt größer war.

Zusammenfassend lässt sich festhalten, dass durch den Selbstversuch nachgewiesen wurde, dass durch Formula-Diäten eine schnelle Gewichtsreduktion möglich ist. Allerdings ist diese nicht langfristig anhaltend und ist entgegen der Aussage des Herstellers mit einem schlechten Wohlbefinden und einem großem psychischen Druck und Zwang verbunden. Es ist außerdem nicht zwanghaft notwendig sich an die vorgeschriebenen Pläne des Herstellers zu halten. Diese Methode führt ebenfalls zu einem langfristig gestörten Verhältnis zu Essen, da die Nahrungsaufnahme in den Fokus des Alltags rückt und sich die Konsumenten ständig Gedanken über Essen machen, was auch zu einer Essstörung führen könnte.

3.2 Folgen

3.2.1 Der JoJo-Effekt

Beim durchgeführten Versuch ließ sich ein sehr auffälliges Phänomen von Reduktions- und besonders Formula-Diäten feststellen, nämlich der so genannte JoJo-Effekt. Als JoJo-Effekt bezeichnet man die erneute Gewichtszunahme nach einer Diät, nachdem die Diät beendet wurde und sich der Betroffene wieder normal ernährt. Der Körper nimmt mehr an Gewicht zu, als er vor der Gewichtsreduktion besaß.

Das Phänomen JoJo-Effekt tritt hauptsächlich nach Formen von Reduktionsdiäten auf und es handelt sich um einen damals lebenswichtigen Mechanismus, der den Menschen half nahrungsarme Zeiten zu überleben.

Dies lässt sich mithilfe des Ablaufs einer Reduktionsdiät und somit auch einer Formula-Diät erklären. Während einer Reduktionsdiät wird der Körper einer künstlichen

Hungersnot ausgesetzt. Als natürliche Reaktion senkt der Körper seinen Grundumsatz[24] und reduziert Stoffwechselvorgänge auf ein Minimum. Der Energiebedarf des Körpers sinkt. Dies bedeutet, dass nach einer Reduktionsdiät viel weniger Energie benötigt wird als vor der Diät und die normale Energiezufuhr nun zu viel ist.

Ein weiterer Aspekt ist , dass der Körper während einer Reduktionsdiät auf Reserven des Körpers zugreift. Allerdings werden zuerst Kohlenhydrat- und Eiweißreserven verbraucht und dann Fettreserven. Der Eiweißabbau wird immer weiter fortgeführt und falls parallel zur Diät kein Sport getrieben wird, besteht die Möglichkeit, dass Muskelmasse abgebaut wird. Aufgrund dieser Faktoren sei dieser Effekt laut Hans Hauner, Direktor des Else Kröner-Fresenius-Zentrums für Ernährungsmedizin, „eine normale Anpassungsreaktion des Organismus" [25].

Deshalb empfehlen Experten langsam und kontrolliert abzunehmen, um den Grundumsatz nicht zu senken und somit den JoJo-Effekt zu vermeiden[26]. Der Körper solle auf jeden Fall genug Nahrung bekommen und die Ernährung solle langsam aber langfristig umgestellt werden. Um das Gewicht dauerhaft halten zu können, müsse man laut Hauner 500 bis 600 kcal weniger zu sich nehmen[27]. Ein wichtiger Aspekt ist außerdem die Bewegung. Sport und Aktivität garantieren einen Diäterfolg und sind erforderlich, um Muskeln auf- und Fett abzubauen.

Zusammenfassend ist festzuhalten, dass das Risiko des JoJo-Effekts bei Formula-Diäten sehr hoch ist, da der Körper diese Methode als künstliche Hungersnot auffasst und das Gewicht nach der Diät wieder zunimmt. Bewegung und eine langfristige Ernährungsumstellung werden bei dieser Methode ebenfalls außer Acht gelassen.

3.2.2 Gesundheitliche Folgen

Neben dem JoJo-Effekt gibt es allerdings auch langfristige, gesundheitliche Folgen einer Formula-Diät. Laut Hans Hauner seien Formula-Diäten „ein gewaltiger Eingriff in den Stoffwechsel, auf den der Körper reagiert."[28].

Die Hersteller beteuern zwar, dass es keine Nebenwirkungen oder Ähnliches gäbe, wie zum Bespiel die Naturwohl Pharma GmbH, welche schreibt es gäbe keine Nebenwirkungen, denn „Yokebe ist kein Arzneimittel, sondern ein Nahrungsmittel"[29].

---

[24] Menge an Kalorien, die der Körper pro Tag im Ruhezustand verbrennt.
[25] Internetquelle 2
[26] siehe Anhang, Interview Frage 5, S.19
[27] Internetquelle 2
[28] Internetquelle 2

Aber aufgrund des radikalen Eingreifens in den Stoffwechsel des Körpers können wegen der Unterversorgung, Unterernährung und Konzentrationsschwäche die Folge sein. Der Mangel an Ballaststoffen in den Produkten kann zu Verstopfungen und Verdauungsstörungen führen. Durch die große Proteinanzahl der Produkte können auch drastischere Erkrankungen die Folge sein. Die Nieren, sowie die Leber können überanstrengt werden und es können Herzrhythmusstörungen auftreten. Experten wiesen in einer Studie nach, dass mögliche Folgen der Hyperurikämie, welche beim Abbau von Proteinen entsteht, Erkrankungen wie Rheuma, Gicht und Arthritis die Folge sein können, da die Harnsäure sich in den Gelenken ablagert[30]. Außerdem können zeitweiligaussetzender Haarausfall, Menstruationsstörungen, orthostatische Dysregulation[31] und Cholectystolithiasis[32] Nebenwirkungen sein.

Da wichtige, ungesättigte Fettsäuren fehlen, ist langfristig eine Veränderung der Bluttfettwerte die Folge. Der Körper wird außerdem anfälliger für Infekte, da er seinen Energieverbrauch, beziehungsweise den Energieumsatz stark zurückfährt. Auch die Gefahr der psychische Folgen ist nicht zu vernachlässigen. Nervosität und Depression können aufgrund des Erfolgsdrucks und der radikalen Form der Diät aufkommen.

Da diese Folgen nicht zu unterschätzen sind, fordern viele Experten, den Vertrieb dieser Produkte auf Apotheken einzudämmen. Die Verbraucher sind sich den Folgen und Risiken dieser Methode gar nicht bewusst.

Es ist festzuhalten, dass Formula-Diäten trotz des Abstreitens der Hersteller langfristige, gesundheitliche Folgen haben können. Aufgrund dieses erhöhten Risikos sind sich Experten einig, dass Formula-Diäten nicht für einen langfristigen Zeitraum geeignet sind[33]. Die Anwendungsdauer sollte einen Zeitraum von maximal drei Monaten nicht überschreiten und eine ärztliche Begleitung sei erforderlich, sowohl aus psychologischer Sicht als auch aus medizinischer Sicht.

---

[29] siehe Anhang, S.26, E-Mail des Herstellers
[30] Koohkan, Sadaf v.a.: The impact of a weight reduction program with and without meal-replacement on health related quality of life in middle-aged obese females. 12.03.2014
[31] Regulationsstörung des Blutdrucks
[32] Konkremente sind in der Gallenblase vorhanden
[33] siehe Anhang, Interview Frage 6, S.20

3.2.3 Essstörungen als Folgen

Neben den typischen gesundheitlichen Folgen sind aber auch Essstörungen als Folgen von Formula-Diäten nicht zu unterschätzen. Dieses Phänomen wurde auch beim durchgeführten Versuch deutlich und muss somit näher ausgeführt werden.

Essstörungen zählen zu den Modeerkrankungen unserer Gesellschaft, da in unserer Überflussgesellschaft ein Zwang der kontrollierten Nahrungsaufnahme bestehe[34].

Bei Formula-Diäten gebe es außerdem ein erhöhtes Risiko an einer Essstörung zu erkranken, da eine kontrollierte Nahrungsaufnahme zur Übertretung führe[35] und da ein Verbot von Lebensmitteln zum verstärkten Denken daran und zum verstärkten Konsum führen könne[36]. Laut Experten gewöhne sich der Konsument an den Erfolg und es bestehe die Gefahr, dass man das Gefühl für normale Ernährung verliere und somit in eine Sucht zu verfallen[37].

Anorexia nervosa

Der Teufelskreis einer Diät könne darin bestehen, dass ein Verlangen nach totaler Kontrolle des Essimpulses entstehe und eine Anorexia nervosa die Folge sein könne[38].

Anorexia nervosa wird auch als Magersucht bezeichnet und laut der Weltgesundheitsorganisation gibt es folgende Kriterien. Zum einen müsse das Körpergewicht 15% unter dem empfohlenen Normalgewicht liegen. Außerdem handle es sich um ein selbstherbeigeführten Gewichtsverlust durch Vermeiden bestimmter Speisen. Die Selbstwahrnehmung des Betroffenen sei außerdem erheblich geschwächt und er empfinde sich selbst als „zu fett" und es sei ein erniedrigter Sexualhormonspiegel feststellbar[39].

Anorexia nervosa sei eine Krankheit der Industrieländer, in welchen 0,5% aller Frauen in ihrem Leben an Anorexia nervoser erkränkten [40]. Diese Krankheit könne erheblich gesundheitliche Folge, wie zum Beispiel Depressionen haben und rund 10% der Erkrankten sterben an den Folgen[41].

---

[34] vgl. Klotter, Einführung Ernährungspsychologie S.97
[35] Studie: Stirling u. Yeomans 2003
[36] Studie: Mann u. Ward 2001
[37] vgl. Interview Frage 5
[38] vgl. Klotter, Einführung in die Ernährungspsychologie S.21
[39] vgl. WHO ICD-10 (Dilling et al. 2004)
[40] Saß, Henning: Diagnostisches und Statistisches Manual psychischer Störungen. DSM IV TR
[41] vgl. Klotter, Einführung Ernährungspsychologie S. 140/141

Bulimia nervosa

Eine weitere Folge einer Formula-Diät könne darin bestehen, dass nach einer Heißhungerattacke eine Korrektur des übermäßigen Essens durch zum Beispiel erbrechen vorgenommen werde und es dadurch zu einer Bulimia nervosa kommen könne [42]. Studien bewiesen, dass diese Erkrankungen oft in Diätversuchen und Gewichtsabnahmeversuchen ihren Ursprung hätten[43]. Bulimia nervosa wird auch als Ess-Brechsucht bezeichnet und laut der Internationalen Klassifikation psychischer Störungen der Weltgesundheitsorganisation, komme es bei der Erkrankung zu Fressattacken. Die große Menge, der in kurzer Zeit zu sich genommenen Nahrung, werde dann zur Vermeidung von Gewichtszunahme durch selbst herbeigeführtes Erbrechen, Gebrauch von Abführmitteln, Hungerperioden, Missbrauch von Appetitzüglern, Schilddrüsenpräpaten und Diuretika. Außerdem bestehe eine gestörte Selbstwahrnehmung und die ständige Beschäftigung mit Essen und drohender Gewichtszunahme[44]. Eine der wichtigsten Faktoren ist der durch die Fressattacken bedingte Kontrollverlust, der den Betroffenen zur zwanghaften Ausscheidung der Nahrung führe. Bei den Betroffenen handle es sich bei 90% der Erkrankten um Frauen und 1 bis 3% der Frauen von 17 bis 35 Jahren leiden an Bulimia nervosa[45]. Auch bei dieser Essstörung besteht ein hohes Risiko der Langzeitfolgen. Eine Beeinträchtigung des Elektrolythaushalts, Beschädigung des Zahnschmelzes, sowie psychische Folgen, wie Depression oder soziale Isolation seien die Folgen[46].

Orthorexia nervosa

Neben den populäreren Krankheiten Anorexia nervosa und Bulimia nervosa handelt es sich aber auch bei einer neueren Essstörung um eine mögliche Folge von Formula-Diäten. Diese Krankheit wird als Orthorexia nervosa bezeichnet und es handelt sich dabei um den krankhaften Zwang sich gesund zu ernähren. Bei Formula-Diäten bestehe außerdem ein erhöhtes Risiko, da radikale spezifische Diäten zu einer zwanghaft gesunden Ernährung und einer krankhaften Ausarbeitung eines Diätplans führen würden[47]. Die Krankheit wird oft als eine Variante oder Vorstufe der Anorexia nervosa

---

[42] vgl. Klotter, Einführung Ernährungspsychologie S. 21
[43] Studie: Habermas 1990
[44] vgl. Klotter, Einführung Ernährungspsychologie WHO ICD (Dilling et al. 2004)
[45] Studie: Hoeck und v. Hoecken (2003)
[46] vgl. Klotter, Einführung Ernährungspsychologie S.128
[47] vgl. Internetquelle 2

gesehen und auch hierbei werde ein Kontrollverlust kompensiert[48]. Es könne durch die radikale Umstellung der Ernährung und Auslassen bestimmter Nahrungsmittel zu Mangelerscheinungen, Vereinsamung, Depression und starker Gewichtsverlust[49].

„Binge-Eating"-Störung

Eine weitere moderne Essstörung, welche aus Formula-Diäten folgen könnten, ist die „Binge-Eating"-Störung. Sie kann aus dem Verlust des Gespürs für normale Ernährung resultieren. Als Kennzeichen dieser Krankheit würden unkontrollierte Fressattacken, schnelles Essen, kein Völlegefühl, Essen ohne Hungergefühl, einsames Essen, anschließende Deprimierung und Enttäuschung gesehen[50]. Häufige Diätversuche und starke Gewichtsschwankungen seien außerdem Merkmale dieser Essstörung und es handle sich ebenfalls um eine Subgruppe der Adipositas, welche Leid und große Depressionen hervorrufen würde.

Adipositas

Daraus könnte eine Adipositas folgen, die somit als Folge einer Formula-Diät betrachtet wird. Adipositas wird durch den BMI bestimmt und verbreite sich in unserer Gesellschaft immer mehr. Adipositas wird auch als Fettleibigkeit bezeichntet und bei einem BMI größer als 30 sei eine Person adipös[51]. Formula-Diäten können in so fern eine Adipositas hervorrufen, dass durch ein gestörtes Verhalten zum Essen das Verständnis des Betroffenen für eine normale Nahrungszunahme, welche sich am Hungergefühl orientiert, verloren geht.

Abschließend lässt sich deshalb festhalte, dass Formula-Diäten das Risiko einer Essstörung erhöhen, da sich die Konsumenten rund um die Uhr mit ihrer Diät konfrontiert sehen, zum Beispiel in Mittagspausen, in denen alle Kollegen ein Brot essen und die Testperson nur einen Shake trinken darf. Dadurch verlieren die Konsumenten außerdem das Gefühl für die normale Ernährung und verlernen es, sich alleine nach ihrem Hungergefühl zu richten. Der schnelle Abnehmerfolg spielt auch eine entscheidende Rolle, da das Bedürfnis entstehen könnte, immer weiter abzunehmen. Deshalb sollte man besonders bei Formula-Diäten aufpassen, nicht in den Teufelskreis einer Essstörung zu verfallen.

---

[48] vgl. Internetquelle 5
[49] vgl. Internetquelle 2
[50] vgl. Klotter, Einführung Ernährungspsychologie S.145
[51] vgl. Klotter, Einführung in die Ernährungspsychologie S.102

4. Resümee

Diese Facharbeit befasst sich mit der Methode der Formula-Diäten, sowie ihren Folgen und der Effektivität. Es sollte geklärt werden, ob und für wen diese Methode zu empfehlen ist. Dies sollte mithilfe eines Selbstversuches und anhand von Expertenmeinungen[52] dargelegt werden. Es wurde auch untersucht, inwieweit die vom Hersteller versprochenen Erfolge eintraten.

Als Ergebnis dieser Facharbeit ist festzuhalten, dass sowohl Vorteile als auch Nachteile dieser Methode festzustellen sind.

Es ist sicherlich positiv, dass die sich die Mahlzeiten schnell und unkompliziert zubereiten lassen. Außerdem sättigen die Shakes auch wie vom Hersteller versprochen, was auch bei Auswertung des Versuchs deutlich wurde. Ebenfalls ging aus dem Versuch ein schneller Abnehmerfolg hervor. Schon in den ersten Wochen der Einnahme werden erste Erfolge verzeichnet, was als Motivationshilfe zu werten ist. Bei dieser Methode besteht außerdem der Vorteil, dass der Konsument keine grundlegende Umstellung des Lebensstils vornehmen muss, wie zum Beispiel intensiv Sport treiben. Dadurch lässt sich der Shake einfach in den Alltag integrieren. Ein weitere positiver Aspekt sind die durch die Shakes geregelten Portionen, dadurch wird nämlich ein Abstand zu alten Essgewohnheiten geschaffen.

Allerdings dürfen die Nachteile dieser Methode auch nicht vernachlässigt werden. Die Shakes der Formula-Diäten schmecken meist nicht sehr gut und da zumindest in den ersten Wochen ausschließlich Shakes konsumiert werden, wird die Ernährung sehr eintönig und es entsteht das Bedürfnis, feste Nahrung zu sich zunehmen. Bei dieser Methode bleibt außerdem der Lehrcharakter aus, welcher allerdings sehr entscheidend für eine erfolgreiche und langfristige Gewichtsreduktion ist. Zwar werden vom Hersteller Rezepte empfohlen, jedoch lernt der Konsument nicht, wie eine gesunde und ausgewogene Ernährung aussieht, da er sich lediglich von vorgeschriebenen Portionen ernährt. Er lernt außerdem nicht seinen Lebensstil zu verändern, da er seinen Alltag nicht besonders umstellen muss und zum Beispiel nicht mehr Sport treiben muss oder Ähnliches. Ebenfalls die Gefahr des JoJo-Effektes, welche in der Facharbeit dargelegt wird, ist wie oben erläutert sehr hoch. Der Konsument distanziert sich zwar von seinen alten Essgewohnheiten, was erstmal als positiv zu bewerten ist. Dadurch wird aber auch das Verhältnis des Verbrauchers zum Essen gestört, da er nichts essen darf auch wenn

---

[52] siehe Anhang, Interview

er Hunger hat und im Alltag auch ständig mit dieser Einschränkung konfrontiert wird. Der dadurch entstehende psychische Druck belastet den Verbraucher stark. Aber auch der schnelle Abnehmerfolg, welcher zunächst als positiv aufgefasst wird, führt dazu, dass der Verbraucher sich an diesen schnellen Erfolg gewöhnt und ihn auf jeden Fall aufrechterhalten möchte. Dies hat ebenfalls einen großen psychischen Druck zur Folge und Gewichtsreduktion könnte zu einem Zwang und einer Sucht werden und sich somit zu einer Essstörung entwickeln. Ebenfalls die gesundheitlichen Langzeitfolgen wie Nieren- und Leberschäden dürfen nicht außer Acht gelassen werden.

Nach ausreichender Abwägung der Vor- und Nachteile lässt sich über die Methode der Formula-Diäten folgendes Urteil fällen. Formula-Diäten sind kurzfristig sehr effektiv. Dieser Erfolg ist allerdings nicht langfristig und diese Methode kann ohne ärztliche Betreuung sowohl psychische als auch physische Folgen haben. Deshalb sind Formula-Diäten nur für adipöse und stark übergewichtige Erwachsene geeignet, die schnell viel Gewicht verlieren müssen. Dabei ist aber eine ärztliche Unterstützung und eine Hinführung zu einer ausgewogenen Ernährung und einem gesunden Lebensstil notwendig. Ein Anwendungszeitraum von 12 Wochen soll darf ebenfalls nicht überschritten werde . Es wurde auch schon durch diverse klinische Leitlinien[53] bewiesen, dass sich Formula- Diäten zur Prävention und Therapie von Adipositas eignen. Dies lässt sich allerdings nicht auf normalgewichtige Personen übertragen. Wenn man nur ein wenig Gewicht verlieren möchte, empfiehlt es sich seine Ernährung und sein Lebensstil langfristig und auch realistisch umzustellen, um ein normales und gesundes Gewicht halten zu können.

---

[53]Ellrott, Formula-Diäten in der Adipositastherapie

5. Anhang

Interview am 18.02.2015

Fragen zur Effektivität und zu den Folgen von Formula-Diäten an Experten

Die nun gestellten Fragen beziehen sich auf die Methode der Formula-Diät und deren Antworten werden in der Facharbeit von Maxime Kops zu diesem Thema als Expertenmeinungen verwendet werden.

Fragen:

1. Was sind in der heutigen Gesellschaft die Hauptauslöser von Übergewicht und Adipositas?

2. Was sind die Gründe für das Verlangen abzunehmen?

3. Wo sehen Sie die psychologischen Vorteile bzw. Nachteile dieser Methode?

4. Für wen empfehlen Sie die Methode der Formula-Diät?

5. Wie hoch ist Ihrer Meinung nach das Risiko des sog. „Jojo-Effektes" bei Formula-Diäten?

6. Wie bewerten Sie die gesundheitlichen Langzeitfolgen dieser Methode, wie z.B. Nierenschäden etc.?

7. Besteht bei einer Formula-Diät ein erhöhtes Risiko in eine Essstörung zu verfallen?

8. Für wie effektiv halten Sie Formula-Diäten?

9. Welche Bedeutung schreiben Sie Formula-Diäten bei der Behandlung von Adipositas zu?

10. Wo liegen Ihrer Meinung nach die Schwierigkeiten dieser Methode?

11. Was ist für Sie der Schlüssel, um gesund und erfolgreich abzunehmen und sind Formula-Diäten eine Möglichkeit?

Vielen Dank für Ihre Hilfe!

Protokoll des Interviews am 18.02.2015

Experten:	Anke A. (diplom Oecotrophologin)
	Sabrina H. (diplom Oecotrophologin)

Frage 1

A.: „Hauptauslöser für Adipositas und Übergewicht sind in unserer Gesellschaft definitiv das Überangebot an Nahrung und zu wenig Bewegung. Allerdings sind auch versteckter Zucker und süße Getränke verantwortlich am Übergewicht. Ein wichtiger Aspekt ist allerdings auch der Zeitmangel und Stress, denn heutzutage haben nur wenige Leute die Zeit sich mit einer gesunden und ausgewogenen Ernährung auseinander zu setzen. Essen dient allerdings auch oft als Ersatz für zum Beispiel Zuneigung und Liebe."

H.: „Entscheidend ist dabei auch, dass die Nahrung heute viel mehr im Fokus des heutigen Lebens steht. Es besteht der Zwang sich möglichst gesund zu ernähren, was Orthorexie genannt wird.

Frage 2

A.: „Der Jugend- und Schlankheitswahn sind verantwortlich für das Verlangen nach Gewichtsreduktion, sowie ein geringes Selbstbewusstsein."

H.: „Ja da kann ich nur zustimmen."

Frage 3

A.: „Ein Vorteil ist die Einfachheit der Methode, da die Shakes leicht und schnell zuzubereiten sind. Ein Nachteil ist allerdings, dass diese Einfachheit von den Medien verschönert und angepriesen wird. In Werbungen sieht es so aus als könnte man nebenbei abnehmen kann ohne wirklich etwas grundlegendes zu ändern"

H.: „Vorteile sind die schnellen Erfolge der Formular-Diäten, außerdem nehmen die Konsumenten geregelte Portionen zu sich, was den Effekt unterstützt. Dadurch wird nämlich ein gewisser Abstand zu den alltäglichen Essgewohnheiten und zum Nahrungsangebot geschaffen. Nachteile sind, dass ein großes Durchhaltevermögen gefragt ist und danach die kompletten Nahrungsgewohnheiten umgestellt werden müssen, was ohne professionelle Hilfe fast unmöglich ist."

Frage 4

A.: „Grundsätzlich ist diese Methode nur für stark adipöse Menschen zu empfehlen und nur für Erwachsene, die sich nicht mehr im Wachstum befinden."

H. „Auf jeden Fall für Personen, die unter ärztlicher Aufsicht stehen. Die ärztliche Versorgung sollte im Bereich Sport, Ernährung und Psychologie vorhanden sein."

Frage 5

A.: „Der Gefahr des Jojo-Effektes liegt ohne ärztliche Betreuung bei mindestens 80%"

H.: „Die Gefahr ist sehr hoch, da der Körper sich auf eine Notsituation einstellt. Der Grundumsatz des Körpers, den er zum Beispiel für die Funktion der Organe benötigt, wird geringer. Dadurch wird nach der Diät „normale" Nahrung zu viel und der Körper nimmt an Gewicht zu. Das bedeutet, dass das Durcheinanderbringen des Grundumsatzes des Körpers zu einem Jojo-Effekt führt, der dadurch bei dieser Methode fast unvermeidbar ist."

Frage 6

A.: „Diese Methode ist nicht für einen langen Zeitraum zu empfehlen und wurde dafür auch nicht entwickelt, weshalb mir keine Langzeitfolgen bekannt sind."

H.: „Da stimme ich zu. So ein Programm sollte maximal drei Monate durchgeführt werden. Die Kunden sind sich den Gefahren nämlich überhaupt nicht bewusst, da im Fernsehen oder auch im Radio immer das Bild einer erfolgreichen, ungefährlichen und zeitsparenden Diät für jedermann vermittelt wird, wodurch die Gefahren überspielt werden"

Frage 7

A.: „Ja, sogar ein sehr hohes."

H.: „Ja, weil man schnell abnimmt und man sich dadurch an den Erfolg gewöhnt, was zur Sucht führen kann. Essen rückt außerdem weiter in den Fokus und es besteht das Risiko das Gefühl für „normale" Ernährung zu verlieren."

Frage 8

A.: „Auf kurzfristiger Sicht für sehr effektiv, allerdings nicht auf langfristiger Sicht."

H.: „Unter professioneller Betreuung sehr effektiv, wenn allerdings auch die Essgewohnheiten umgestellt werden."

Frage 9

A.: „Zur Behandlung von Adipositas sind Formular-Diäten unter professioneller Betreuung sehr effektiv."

H.: „Mit professioneller Betreuung ist die Methode empfehlenswert. Diese Betreuung muss eine psychologische Betreuung gewährleisten. Durch Betreuung in Gruppen ist auch ein gewisser Spaßfaktor gegeben. Die schnellen Erfolge müssen allerdings auch in einer langfristigen Umstellung des Lebensstils gefestigt zu werden."

Frage 10

A.:
„Da der Zeitfaktor eine sehr wichtige Rolle spielt, sollte man sich auf jeden Fall sehr viel Zeit nehmen sowie lernen auf seinen Körper im Bezug auf das Hungergefühl zu hören."

H.:
„Man sollte eine Veränderung durchführen, die in den Alltag integriert wird. Das heißt allerdings nicht, dass es sich um Extremen, wie zum Beispiel Marathon laufen handeln muss. Man muss die Veränderung durchhalten müssen und sie in den Alltag einbauen."

Frage 11

A.:
„Ohne professionelle Hilfe aus langfristiger Sicht sind Formula-Diäten sicherlich nicht der richtige Weg."

H.:
„Ja, bei starkem Übergewicht sind sie eine Motivationshilfe und schaffen Abstand zur alten Ernährung, was bei der Suche nach einem dauerhaften Ernährungsstil hilft. Allerdings darf die Ernährung nicht in den Mittelpunkt des Lebens rücken, da das Risiko in eine Essstörung zu verfallen sehr hoch ist."

Zusammensetzung der Yokebe Aktivkost[54]

Durchschnittlicher Gehalt des verzehrfertigen Produkts		
Zubereitung mit fettarmer Milch (1,5 % Fett) und 1,5 g Sonnenblumenöl		
Nährwerte	**Pro 100 ml**	**Pro Portion**
Energie	503 kJ (120 kcal)	1211 kJ (287 kcal)
Fett	2,3 g	5,6 g
• davon gesättigte Fettsäuren	1,0 g	2,5 g
Kohlenhydrate	11,3 g	27,1 g
• davon Zucker	8,7 g	20,9 g
• mehrwertige Alkohole	0,0 g	0,0 g
Ballaststoffe	<0,1 g	0,1 g
Eiweiß	13,3 g	31,9 g
Salz	0,4 g	1,0 g

Zutaten: Sojaproteinisolat (30,0 %), Molkenproteinkonzentrat (21,6 %), Honig (15,3 %), Magermilchpulver, Maltodextrin, Milchproteinkonzentrat (5,0 %), Trennmittel Siliciumdioxid, pflanzliches Öl (Palmöl), Emulgator Soja-Lecithin, Eisenpyrophosphat, Vitamin C, Zinkgluconat, Niacin, Vitamin E, Vitamin A-acetat, Vitamin B6hydrochlorid, Kupfergluconat, Calcium-D-pantothenat, Mangangluconat, Vitamin D3, Vitamin B1-mononitrat, Vitamin B2, D-Biotin, Folsäure, Natriumselenit, Kaliumjodid, Vitamin B12

---

[54] Naturwohl Pharma GmbH, Produktinformationen für Fachkreise

Testperson A: Maxime Kops, 20.12.1997 **Testzeit:** 19.01-02.02.2015 **Startgewicht**
Größe: 1,76m **Größe:** 1,76m

Datum	Gewicht	andere Mahlzeiten	Getränke	Bewegung/Sport	Wohlbefingen/ Hungergefühl
Montag, 19.01.15	67,8 kg		2,5 l Wasser	90 min Handball	gut/ angemessen
Dienstag, 20.01.15	66,5 kg	Gemüsebrühe	2,5 l Wasser	Schulsport/ 60min Spinning	gut/vorhanden
Mittwoch, 21.01.15	65,9kg	Gemüsebrühe	2,5 l Wasser	90 min Handball	vital/angenehm
Donnerstag, 22.01.15	65,8 kg	Gemüsebrühe	2 l Wasser, 1 l Tee	spazieren/Kraftübungen	ok/größer
Freitag, 23.01.15	65,4 kg	Gemüsebrühe	2,5 l Wasser	90 min Handball	sehr gut/ fast keins
Samstag, 24.01.15	65,3 kg	Gemüsebrühe	2 l Wasser, 1 l Tee	spazieren/Kraftübungen	gut/ angemessen
Sonntag, 25.01.15	65,2 kg	Gemüsebrühe	1,5 l Wasser, 1,5l Tee	Handballspiel	gut/ angemessen
Montag, 26.01.15	65,8 kg	Vollkorn-Pasta all´arrabbiata	2l Wasser, 2l Tee	90 min Handball	nicht gut/ nicht vorhanden
Dienstag, 27.01.15	65,0 kg	Champignons mit Rucola	2l Wasser, 1l Tee	60min Spinning	ok/fast nicht vorhanden
Mittwoch, 28.01.15	64,4 kg	Putenschnitzel Tomate-Mozzarella	2l Wasser, 1l Tee	90 min Handball	gut/nicht vorhanden
Donnerstag, 29.01.15	64,6 kg	Vollkorn-Pasta all´arrabbiata	1,5l Wasser, 1l Tee	spazieren/Kraftübungen	gut/nicht vorhanden
Freitag, 30.01.15	64,9 kg	Tomaten-Feta Salat	1,5l Wasser, 1l Tee	90min Handball	gut/angemessen
Samstag, 31.01.15	64,7 kg	Putenbraten mit Kartoffel-Feldsalat	1l Wasser, 1l Tee	Spazieren	gut/angenehm
Sonntag, 01.02.15	65,0 kg	Vollkorn Pasta	2l Wasser, 1l Tee	Handballspiel	ok/angemessen
Montag, 02.02.15	65,2 kg	Normale Mahlzeiten	2 l Wasser	90 min Handball	gut/ angenehm

Testperson B: Kerstin K. **Startgewicht:** 64 kg **Größe:** 1,72 m

Datum	Gewicht (in kg)	andere Mahlzeiten (mittags)	Getränke	Bewegung/Sport	Wohlbefinden/ Hungergefühl
Montag, 02.02.15	64	Salat aus der Mensa	Kaffee, Wasser	Zumba Kurs (1h)	+ kein Hunger
Dienstag, 03.02.15	64	Brötchen mit Käse	Kaffee, Wasser	Fitness Kurs (1,5h)	+
Mittwoch, 04.02.15	63	1 Teller Kartoffelsuppe	Kaffee, Wasser	Zumba Kurs (1h)	☹ möchte abends keinen Drink
Donnerstag, 05.02.15	63	1 Portion Nudeln mit Tomatensoße	Kaffee, Wasser		
Freitag, 06.02.15	63	2 Paprika, 2 Möhren	Kaffee, Wasser		
Samstag, 07.02.15	63	Hähnchenfilet mit Gemüse	Kaffee, Wasser, 1 Glas Wein	Joggen (10 km)	☹ möchte abends keinen Drink
Sonntag, 08.02.15	62,5	Hähnchenfilet mit Gemüse	Kaffee, Wasser, 1 Glas Grapefruitsaft		☹ möchte abends keinen Drink
Montag, 09.02.15	62,5	Salat aus der Mensa	Kaffee, Wasser	Zumba Kurs (1h)	
Dienstag, 10.02.15	62	Süßkartoffelgemüse	Kaffee, Wasser	Fitness Kurs (1,5h)	
Mittwoch, 11.02.15	62	Süßkartoffelgemüse	Kaffee, Wasser	Zumba Kurs (1h)	
Donnerstag, 12.02.15	**62**	2 Paprika + Eiweißdrink	Kaffee, Wasser, 1 Glas Orangensaft		☹ möchte keinen Drink mehr!
Freitag, 13.02.15	**62**	2 Rinderfrikadellen + Gemüse	Kaffee, Wasser, 1 Glas Sekt		☹ Wirklich schlechte Laune!
Samstag, 14.02.15	**62**	1 Vollkornbrot mit Käse, Rindersteak	Kaffee, Wasser		Freue mich auf ein Frühstück!!
Sonntag, 15.02.15	**62**	Nudeln mit Sahnesoße	Kaffee, Wasser	Joggen (10 km)	
Montag, 16.02.15	**Stopp !**				

Der Yokebe 2-Wochen-Turbo-Diät-Plan

Der Yokebe 3-fach Effekt

E-Mail des Herstellers

Sehr geehrte Frau Kops,

vielen Dank für Ihre Nachricht und Ihr Interesse an unserem Produkt Yokebe - Die Aktivkost.

Die Aktivkost Yokebe ist eine spezielle Kombination aus hochwertigen Proteinen, Bienenhonig, wichtigen Vitaminen, Mineralstoffen und Spurenelementen. Dank der hochwertigen Proteine und der ausgefeilten Yokebe-Nährstoffkombination entsteht der Yokebe Abnehm-Effekt, der Ihre Kilos im Nu purzeln lässt und Ihren Körper in einer gesunden Balance hält!

Yokebe funktioniert so:

Damit der Körper an Gewicht verliert, ist es wichtig eine negative Energiebilanz zu erzielen. Das bedeutet, dass mehr Kalorien verbrannt werden müssen, als gegessen werden. Da man durch den Yokebe-Shake stark kalorienreduzierte Mahlzeiten zu sich nimmt, erzielt man die gewünschte negative Energiebilanz. In der Konzentrationsphase sollen man nur den Yokebe-Shake zu sich nehmen. Später dürfen auch Mahlzeiten dazu kombinieren werden.

Den gesamten Diätplan und die Antworten darauf, wie Sie Yokebe richtig anwenden finden Sie im Internet unter https://www.yokebe.de/yokebe-erfolgsplan
Sollten Sie also durch die Yokebe-Diät wesentlich weniger Kalorien zu sich nehmen, als zuvor, wird sich ganz natürlich ein Abnehmprozess einstellen.

Eine Statistik über die Gewichtsabnahme mit Yokebe gibt es nicht, da die Gewichtsabnahme natürlich bei jedem Menschen anders abläuft. So könnenPersonen mit höherem Startgewicht (z.B. 120 kg) in kürzerer Zeit mehr Gewicht verlieren, als Personen mit nur leichtem Übergewicht oder Normalgewicht. Yokebe dient der Gewichtsreduzierung bei Übergewicht.

Anbei finden Sie eine Datei mit den Inhaltsstoffen von Yokebe.

Yokebe ist kein Arzneimittel sondern ein Nahrungsmittel. Unerwünschte Wirkungen sind nicht bekannt.

Leider können wir keine Angaben zum Herstellungsprozess machen, Yokebe wird allerdings ausschließlich in Deutschland aus hochwertigsten natürlichen Zutaten produziert.

Bei weiteren Fragen stehen wir Ihnen gerne zur Verfügung.

Mit herzlichen Grüßen
Ihr Yokebe-Team

Naturwohl Pharma GmbH
D-82166 Gräfelfing

Tel.: +49 (0)89 78 79 79 0 – 30 (Fax -31)
E-Mail: info@naturwohl-pharma.de
Web: www.yokebe.de

6. Literaturverzeichnis

Fachliteratur

Bischoff, Stephan C. v.a.: Multicenter evaluation of an interdisciplinary 52-week weight loss program for obesity with regard to body weight, comorbities an quality of life-a prospective study. In: International Journal of obesity 2011 S.1-11

Dilling, Horst v.a. (Hrsg.): Internationale Klassifikation psychischer Störungen. ICD-10 Kapitel V (F). Klinisch-diagnostische Leitlinie. Bern/Göttingen 2004. In: Klotter, Christopher: Einführung in die Ernährungspsychologie. München 2007. S. 152/ 138

Ellrott, Thomas: Formula-Diäten in der Adipositastherapie. In: Ernährung und Medizin 2007,22 S.69-74

Habermas, Tillmann: Heißhunger- Historische Bedingungen der Bulimia nervosa. Frankfurt 1990. In: Klotter, Christopher: Einführung in die Ernährungspsychologie. München 2007.S. 125

Klotter, Christopher: Einführung in die Ernährungspsychologie. München 2007

Larsen Meinert, Thomas v.a.: Diets with High or Low Protein Content and Glycemic Index for Weight-Loss Maintenance. In: The New England Journal of Medicine 25.10.2010

Naturwohl Pharma GmbH: Die Yokebe-Erfolgspläne. Gräfeling o.J.

Naturwohl Pharma GmbH: Produktinformationen für Fachkreise. Gräfeling o.J.

Naturwohl Pharma GmbH: Yokebe. Die Aktivkost. Natürlich lecker abnehmen! Gräfeling o.J.

Saß, Henning; Wittchen, Hans-Ulrich; Zaudig, Michael: Diagnostisches und Statistisches Manual psychischer Störungen. DSM IV TR. 2003 Göttingen. In: Klotter, Christopher: Einführung in die Ernährungspsychologie. München 2007.S.139

Schwarz, Viola: Diät-Experten lüften Schlangeheimnis: hier kommt die Turbo-Diät!In nur zwei Wochen zur Wohlfühlfigur-so geht's! In: bella 14.01.2015 S.12-13

Wirth, Alfred/Wabitsch, Martin/Hans, Hauner: Prävention und Therapie der Adipositas. In: Deutsches Ärzteblatt 17.10.2014. S.705-713

Internetquellen

Franz, Wiebke/Schuster, Alena: Was versteht man unter dem JoJo-Effekt? Ohne grundlegende Veränderung der Ernährungs- und Lebensgewohnheiten kehrt das Körpergewicht nach einer Reduktionsdiät schnell wieder zum Ausgangspunkt zurück. Steigt es noch darüber hinaus, spricht man vom JoJo-Effekt. https://www.ugb.de/gesund-abnehmen-ohne-diaet/jojo-effek[20.01.2015]

Internetquelle 1

Jenß, Mareile: Almased, Slim-Fast und Co.: Die dünnen Versprechen der Diätpulver. 16.12.2013. http://www.spiegel.de/gesundheit/ernaehrung/almased-slim-fast-multaben-ein-schluck-ein-kilo-a-936194.html [20.01.2015] **Internetquelle 2**

Kasprak, Tobias: Der JoJo-Effekt. http://www.dr-gumpert.de/html/jojoeffekt.html [20.01.2015] **Internetquelle 3**

Koohkan, Sadaf v.a.: The impact of a weight reduction program with and without meal-replacement on health related quality of life in middle-aged obese females. 12.03.2014 http://www.biomedcentral.com/1472-6874/14/45 [17.03.2015] **Internetquelle 4**

Mersch, Ina: Orthorexie. http://www.gesundheit.de/ernaehrung/essstoerungen/ erscheinungsformen/orthorexie-wenn-gesundes-essen-krank-macht   [20.10.2015]

Internetquelle 5

Naturwohl Pharma GmbH: Der Yokebe 3-fach Effekt. http://www.yokebe.de/der-yokebe-3-fach-effekt/ [12.02.2015] **Internetquelle 6**

Naturwohl Pharma GmbH: Leckere Rezeptideen. Rezeptübersicht. http://www.yokebe.de/rezepte/ [12.02.2015] **Internetquelle 7**

Specks, Vanessa: Rauf, runter, rauf. Immer wieder Jojo Effekt: Wieso ist es so schwer, das mühsam erhungerte Wunschgewicht zu halten? 20 Experten-Tipps: So bleiben Sie auf Dauer schlank! http://www.fitforfun.de/abnehmen/jojo-effekt/jojo-effekt_aid_4125.htm [20.01.2015] **Internetquelle 8**

Hoeck, Hans W./van Hoeken, Daphne: Review of the Prevalence and Incidence of Eating Disorders. 2003 2003 In: Klotter, Christopher: Einführung in die Ernährungspsychologie. München 2007. S. 128

Mann,Tracey/Ward, Andrew: Forbidden Fruit: Does Thinking About Prohibited Food Lead to its Consumption? 2001 In: Klotter, Christopher: Einführung in die Ernährungspsychologie. München 2007. S.98

Studien

Yeomans, Martin R. v.a.: Effect Effect of exposure to a forbidden food on eating in restrained and unrestrained women. 2003 In: Klotter, Christopher: Einführung in die Ernährungspsychologie. München 2007. S.97

Bildquelle

Titelbild 1: http://cdn.jolie.de/bilder/diaet-drink-600x600-1186266.jpg [20.03.2015]

Titelbild 2: http://www.yokebe.de/assets/Produkte/Yokebe-Dosen-488x350-141216.jpg [20.03.2015]

Anhang S. 26: Der Yokebe 2-Wochen-Turbo-Diät-Plan

http://www.yokebe.de/assets/Diaet-Plan/141216-2-WO.jpg [20.03.2015]